BEI GRIN MACHT SICH IHR WISSEN BEZAHLT

- Wir veröffentlichen Ihre Hausarbeit,
  Bachelor- und Masterarbeit

- Ihr eigenes eBook und Buch -
  weltweit in allen wichtigen Shops

- Verdienen Sie an jedem Verkauf

Jetzt bei www.GRIN.com hochladen
und kostenlos publizieren

Jonas Stecher

Tirol als Tourmusdestination im Zeichen des Klimawandels

Touristische Regionalentwicklung des Bundeslandes Tirol und der autonomen Provinz Bozen, Südtirol

GRIN Verlag

Bibliografische Information der Deutschen Nationalbibliothek:

Die Deutsche Bibliothek verzeichnet diese Publikation in der Deutschen National-
bibliografie; detaillierte bibliografische Daten sind im Internet über http://dnb.d-
nb.de/ abrufbar.

Impressum:

Copyright © 2013 GRIN Verlag GmbH
Druck und Bindung: Books on Demand GmbH, Norderstedt Germany
ISBN: 978-3-656-45611-7

Dieses Buch bei GRIN:

http://www.grin.com/de/e-book/230324/tirol-als-tourmusdestination-im-zeichen-
des-klimawandels

Tirol als Tourismusdestination im Zeichen des Klimawandel

(Regionalentwicklung in Tirol)

Seminararbeit zur Humangeographie
Sommersemester 2013

Eingereicht von

Jonas Stecher

LEOPOLD-FRANZENS-UNIVERSITÄT INNSBRUCK

FAKULTÄT FÜR GEO- UND ATMOSPHÄRENWISSENSCHAFTEN
INSTITUT FÜR GEOGRAPHIE

Innsbruck, Mai 2013

Inhaltsverzeichnis

1 Einführung: Tourismusdestination Tirol[1]

Die Alpen zählen zu den touristisch am stärksten genutzten Regionen. Die Europaregion Tirol (Nord-, Ost- und Südtirol) zählt hier zu den wichtigsten Destinationen. Das die Region Tirol trotz Wirtschaftskrise erfolgreich bleibt, liegt u.a. auch am hohen Anteil an Stammgästen (ca. 2/3). Wesentlich dafür ist der Charakter Tirols mit seiner authentischen Kultur. Der Gast der heutigen Zeit überprüft kritisch das Preis-Leistungsverhältnis und stellt Ansprüche hinsichtlich nachhaltiger und fairer Produktion, wodurch eine nachhaltige Regionalentwicklung zu einer wesentliche Komponente für den zukünftigen Erfolg geworden ist. (Grander 2010, S. 2)

Die Arbeit zeigt nach einer kurzen geschichtlichen Einführung die Bedeutung des Tourismus in Tirol anhand einer vergleichenden Analyse von Kennzahlen zwischen dem Bundesland Tirol und der Provinz Bozen-Südtirol auf. Im nächsten Kapitel wird auf meteorologische Gegebenheiten und prognostizierte Veränderungen sowie deren Auswirkungen im Tourismus eingegangen. Der Klimawandel wird am ältesten Gletscherskigebiet Tirols, dem Skigebiet Stilfser Joch anschaulich verdeutlicht. Zum Schluss werden Perspektiven und Anpassungsmöglichkeiten für den Tiroler Tourismus vorgestellt.

Die Arbeit nach dem „Innsbrucker Weg" in die 3. Säule der Geographie also die Mensch-Umwelt-Interaktion eingeordnet werden können. In der Thematik fließen physiogeographische (meteorologische) als auch humangeographische (sozial- und wirtschaftsgeographische) Elemente ein.

1.1 Die Entwicklung des Tourismus in Tirol

Tirol stellt heute eine internationale Tourismusdestination dar. Die Anfänge des Tourismus liegen hier allerdings erst nach 1800. Die Berge galten vorher aufgrund der unberechenbaren Naturkatastrophen und dem schlecht ausgebauten Straßennetz als gefährlich. Die Alpen waren aber Durchzugsgebiet auf Reisen, beispielsweise nach Italien. Die Routen führten durch Täler und möglichst niedere Alpenübergänge wie Brenner und Reschenpass. Die Unterbringung erfolgte in Gasthäusern und Hospizen.

Vor allem die Engländer erkannten im 18. Jahrhundert allerdings die Attraktivität der Alpen und der Bergwelt. Durch die Arbeit von Malern und Dichtern wurde die Reiselust bei der Stadtbevölkerung geweckt, die dann in der Alpenwelt Erholung suchten. Es handelte sich dabei hautsächlich um Sommertourismus.

---

[1] Mit „Tirol" ist in dieser Arbeit nicht das Bundesland Tirol sondern die Region Gesamttirol ohne das Trentino, also Nord-, Süd- und Osttirol gemeint. Mit Südtirol ist die Autonome Provinz Bozen-Südtirol gemeint.

Im 18. Jahrhundert begann das Kurwesen und das Interesse an Heilquellen. Vor allem Meran entwickelte sich zu einem wichtigen Kurort Tirols. Meran hatte zwar keine Thermalquelle zu bieten, dafür aber ein besonders mildes nahezu mediterranes Klima, wodurch es auch als Winterdestination besucht wurde. Der Bau der Eisenbahnlinien wie die Brennerbahn (Eröffnung 1897) durch Tirol beschleunigte die touristische Entwicklung stark. In den Städten entstanden große Nobelhotels während bei der einfachen Bevölkerung die „Sommerfrische" üblich war.

In der zweiten Hälfte des 18. Jahrhunderts begann ein Ansturm auf die Alpengipfel und es erfolgten viele Erstbesteigungen. Es wurden Schutzhütten gebaut, Alpenvereine gegründet, Wege angelegt und Karten erstellt. Die Erfindung der Fotografie trug zudem zur Publizierung bei.

Da im Ersten Weltkrieg die Front durch Tirol verlief, kam es zu einem starken Rückgang des Tourismus. In den 1920er Jahren kam es dann wieder zu einem Aufschwung. Die ersten Seilbahnen wurden gebaut (erste Personenseilbahn Tirols in Kohlern bei Bozen, 1908), was ein Ansteigen des Wintersports ermöglichte. Die ersten Wintersportzentren entstanden in St. Christoph und St. Anton (auch die Wiege des Alpinen Skilaufes genannt), in Seefeld, Kitzbühel und Cortina d'Ampezzo. (Prock 2009)

Abbildung 1: Die Kohlerner Seilbahn, die erste Seilbahn Tirols
(http://www.provinz.bz.it/mobilitaet/themen/geschichte-seilbahnen.asp)

Nach einem zweiten Einbruch während des Zeiten Weltkrieges ging es aufgrund des „Deutschen Wirtschaftswunders" auch mit dem Tourismus in Tirol steil aufwärts. Die zunehmende

Motorisierung ermöglichte individuelleres und freieres Reisen. Ein weiterer Faktor ist die 1971 fertig gestellt Brennerautobahn, die das massenhafte Reisen in den Süden ermöglicht. Viele kleine Bauerndörfer entwickeln sich zu bedeutenden Tourismusdestinationen. Die Weiterentwicklung des Skisports und das Aufkommen des modernen Skischulwesens aber auch Skistars wie Toni Sailer aus Kitzbühel oder Gustav Thöni aus Trafoi (Südtirol) leisteten entscheidende Beiträge zur Entwicklung des Wintersporttourismus. Große Skigebiete, darunter auch Gletscherskigebiete wurden erschlossen. Der Sommertourismus hingegen stagnierte. Der Umweltdiskurs war bis Anfang der 1980er Jahre kaum ein Thema. Dann allerdings werden Kampagnen gegen Landschaftszerstörung, Massentourismus und Übererschließung zunehmend immer relevanter. Anfang der 1990er Jahre erreicht der Tiroler Tourismus die Sättigungsphase und muss sich gegen die weltweite Konkurrenz mit Billigflügen behaupten. In Tirol wird zunehmend Wert auf eine nachhaltige Entwicklung, Qualität und „sanften Tourismus" gesetzt. (Prock A. 2009)

1.2   Daten und Fakten zum Tourismus in Tirol

Die Tourismus- und Freizeitwirtschaft Österreichs spielen in der österreichischen Volkswirtschaft eine bedeutende Rolle und haben entscheidenden Einfluss auf Einkommen, Beschäftigung und regionale Entwicklung. Das Bundesland Tirol sowie die Provinz Bozen-Südtirol stellen trotz der geringen Größe wichtige Tourismusdestinationen Europas dar. Der Tourismus im Bundesland Tirol beschäftigt beispielsweise ca. 71.000 Erwerbstätige. So liegen hier beispielsweise die Tagesausgaben eines Gastes zwischen ca. 120 € (Winter) und 95 € (Sommer). (Kaiser 2010), Eurostat 2010)

1.2.1   Touristische Bedeutung von Österreich und Italien

Europa ist derzeit mit ca. 50% der internationalen Tourismuseinnahmen führend. Als touristisch intensivste Region gilt der Süden mit dem Mittelmeerraum. So steht beispielsweise Italien hinsichtlich der Einnahmen in Europa an 3. Stelle. Österreich liegt allerdings trotz der geringen Größe hinsichtlich der Einnahmen an siebter Stelle (siehe Abbildung 2). (Kaiser 2010)

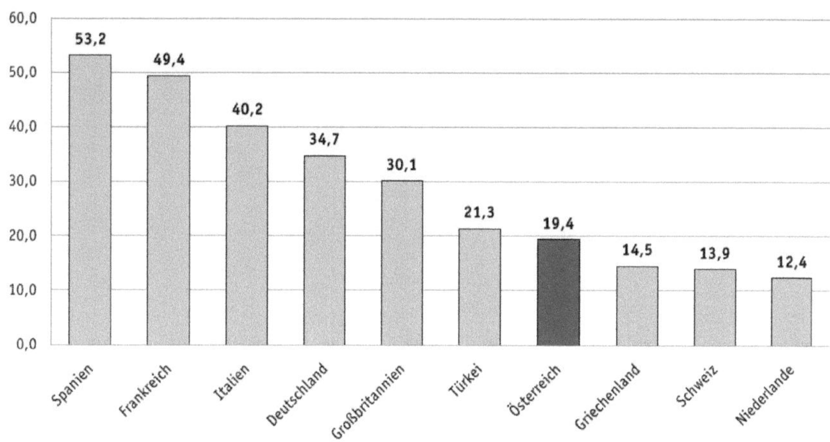

Abbildung 2: Tourismuseinnahmen in Europa in Mrd. US$ (2009)
(Kaiser 2010 nach UNWTO World Tourism Barometer)

Österreich liegt bezüglich der Nächtigungsziffer (Nächtigungen pro Einwohner) mit 9,7 Nächtigungen pro Einwohner hinter Zypern und Malta an dritter Stelle (2009). Das Einwohnerspezifische Einkommen aus dem Reiseverkehr betrug in Österreich 2007 ca. 1060,- €. (Kaiser 2010)

1.2.2 Tourismusland Tirol

Das Bundesland Tirol ist mit einem Anteil von ca. 35% (Nächtigungen) das meist bereiste Bundesland Österreichs. Aber auch die Autonome Provinz Bozen-Südtirol zählt zu den wichtigsten Tourismusprovinzen Italiens. Im Bundesland Tirol wurden im Tourismusjahr 2011/12 9,9 Mio. Ankünfte und 44 Mio. Übernachtungen registriert. In Südtirol waren es vergleichsweise 5,9 Mio. Ankünfte und 29 Mio. Übernachtungen. (Parschalk 2012, S. 21) Während im Bundesland Tirol die Nächtigungen im Winterhalbjahr mit 58 % den Hauptanteil darstellt, macht in Südtirol der Anteil der Nächtigungen im Sommerhalbjahr mit 62 % den Hauptanteil. (Rauch 2012)

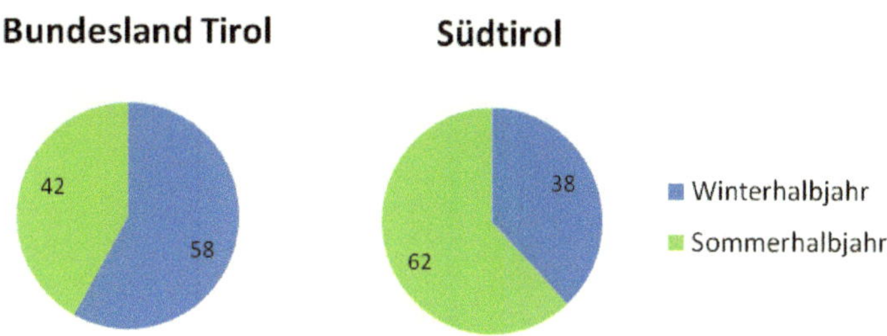

Abbildung 3: Verhältnis der Nächtigungen zwischen Sommer- und Winterhalbjahr in Nord- und Südtirol (Rauch 2012; Parschalk 2012, S. 22)

In Südtirol trägt der starke Andrang in der Zeit von Mariä Himmelfahrt (Ferragosto) zur Intensivierung des Sommerhalbjahres bei. Die Auslastung der Beherbergungsbetriebe zeigt ebenfalls, das in Nordtirol der Schwerpunkt auf der Wintersaison, in Südtirol dagegen auf der Sommersaison. In der gehobenen Hotellerie (4 oder 5 Sternen) können in Tirol trotz Wirtschaftskrise die besten Auslastungen verzeichnen. Außerdem zeigen die Anzahl der Betten von Betrieben hoher Qualität deutliche Steigerungsraten während die von 1- und 2-Sterne Betriebe zurückgingen. Privatquartiere wie Urlaub auf dem Bauernhof konnten ihre Kapazitäten beibehalten. (Rauch 2012; Parschalk 2012 S. 17)

Die Anzahl der Nächtigungen im Winter steigen in Nordtirol stetig an, was den Wintertourismus seit Beginn der 1990er Jahre zunehmend mehr Bedeutung erbrachte. Die Entwicklung ist in Die Anzahl der Nächtigungen in der Sommersaison verhält sich seit Beginn der neunziger Jahre leicht rückläufig und stagnieren seit 2007. (Grander 2010, S. 12).

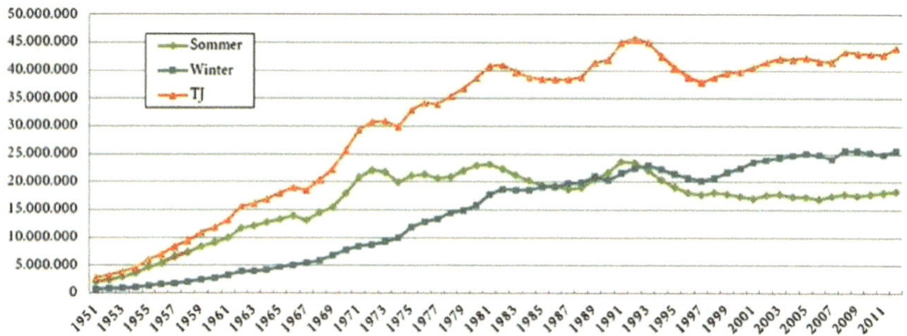

Abbildung 4: Entwicklung der Nächtigungen im Bundesland Tirol seit 1951 (Rauch 2012)

In Südtirol dagegen ist in den letzten Jahren eine Zunahme in der Sommersaison festzustellen. (Parschalk 2012 S. 23)

Ein aufschlussreicher Indikator für die touristische Nutzung einer Region gilt die Tourismusintensität. Dieser Faktor ergibt sich aus dem Verhältnis der Nächtigungen in einer Region und der ansässigen Bevölkerung. Dadurch kann die relative Bedeutung des Tourismus in einer Region abgeschätzt werden. Die Region Tirol weißt innerhalb der EU eine der höchsten Werte der Tourismusintensität (Übernachtungen je Einwohner) auf. Die Tourismusintensität im Jahr 2010 in Nordtirol 42,1 und in Südtirol 47,5 (EUROSTAT 2010 S. 186).

In Abbildung 5 sind die Übernachtungen pro Einwohner im Winterhalbjahr der Gemeinden Tirols als Karte dargestellt. Die Wintersporthochburgen Arlberg, Ischgl, Ötztal, Zillertal, in Nordtirol sowie die Sellaronda (Corvara und Wolkenstein) und Schnalstal in Südtirol zeichnen sich deutlich von den anderen Gebieten ab.

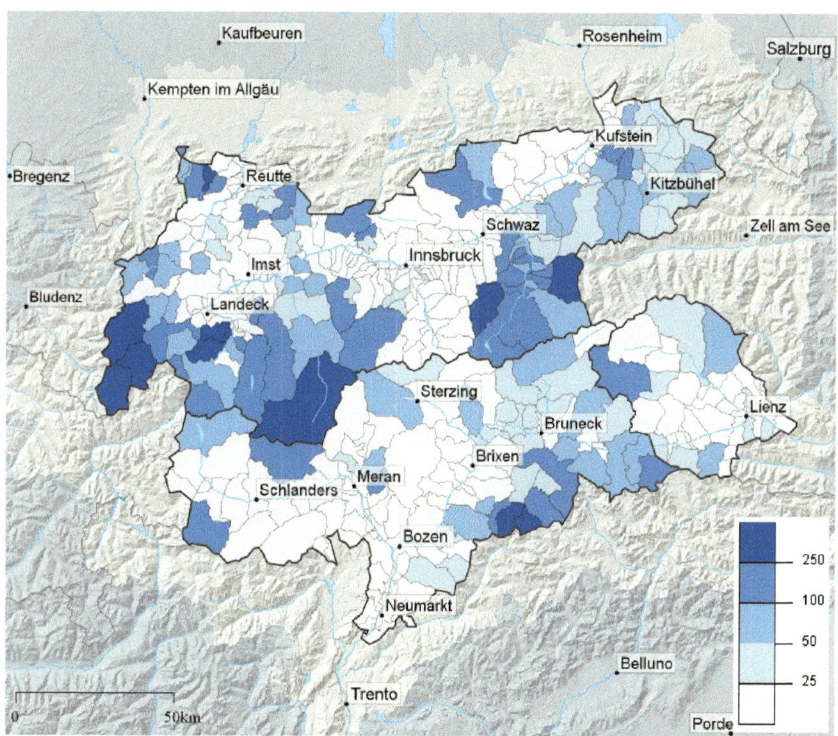

Abbildung 5: Tourismusintensität im Winterhalbjahr 2010/11 in Tirol
(Tirol Atlas)

In Abbildung 6 zeigt die Übernachtungen pro Einwohner im Sommerhalbjahr. Hier ist ersichtlich, dass die Intensität homogener verteilt ist und in Südtirol in großen Bereichen hohe Werte erreicht werden.

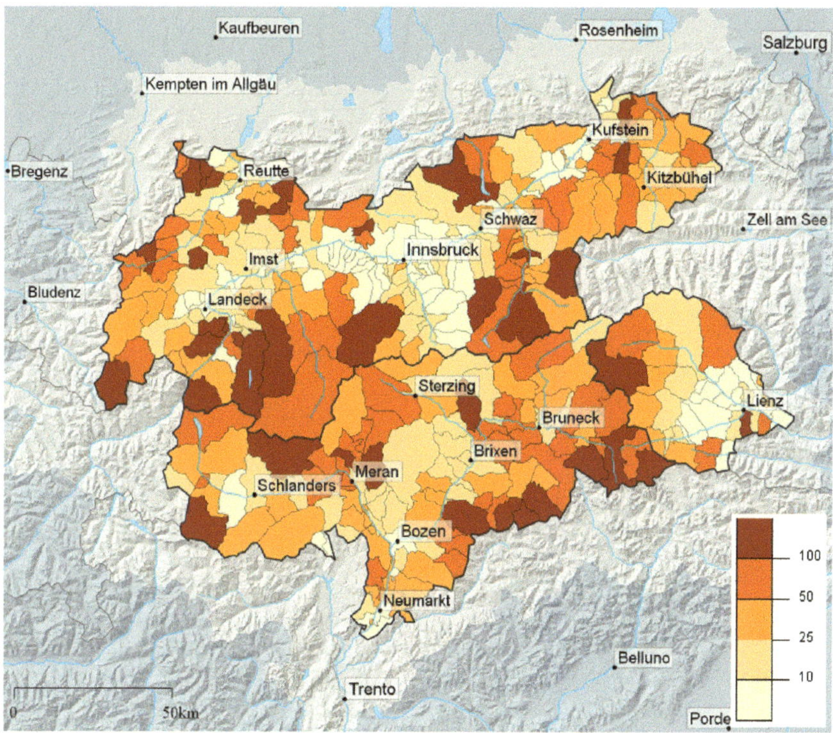

Abbildung 6: Tourismusintensität im Sommerhalbjahr 2011 in Tirol
(Tirol Atlas)

Die mittlere Aufenthaltsdauer ist ebenfalls eine wichtige Kennzahl im Tourismuswesen. Während es Gastwirte vorziehen, die Gäste so lange wie möglich zu beherbergen, neigen die Gäste zu einer Verkürzung des Aufenthaltes. In Tirol ist daher ein Trend zu immer kürzeren, aber dafür mehreren Urlauben erkennbar. Die durchschnittliche Aufenthaltsdauer in Nordtirol beträgt nur 4,5 Tage, in Südtirol 4,9 (Rauch 2012; Parschalk 2012 S. 32)

2 Der Tiroler Skitourismus im Einfluss des globalen Klimawandels

2.1 Allgemeines zum Tiroler Skitourismus

Der Wintertourismus beginnt in den Ostalpen erst nach dem Ersten Weltkrieg. 1921 wurde von Skipionier Hannes Schneider die erste Skischule Österreichs gegründet. Das Skischulwesen in Tirol stellt einen entscheidenden Faktor in der Entwicklung des Skitourismus dar. In den 30er Jahren werden die ersten Skigebiete gebaut. In den 1950er und 1960er Jahren setzt der Boom des Skitourismus ein und es entstehen viele Wintersportorte in bäuerlich geprägten Gebieten. Gletscher werden für den Skitourismus erschlossen – mit dem Ziel, die Skisaison zu verlängern oder Sommerskilauf anzubieten. Das erste Abflauen des Booms in den 1990er Jahren und der steigende Konkurrenzdruck führen zu Entwicklungen wie Modernisierungen und Fusionierungen von Skigebieten. Neben den realisierten Zusammenschlüsse wie die Silvretta Arena, Ski Arlberg und Domlomiti Superski stehen auch Verbindungen von Gletscherskigebieten wie die Erschließung des Gepatschferners durch den Zusammenschluss von Langtaufers mit dem Kauner- und dem Pitztal. (Schröder 2011, S. 21-26)

In den letzten Jahren gewannen allerdings Fragen über die Auswirkungen des Klimawandels im Tourismus zunehmend an Bedeutung. Besonders der Wintersporttourismus wird dabei als sehr vulnerabel eingeschätzt, da hier die Schneesicherheit einen entscheidenden Faktor des touristischen Angebotes darstellt. Die Ergebnisse diverser Studien deuten auf eine negative Auswirkung der globalen Erwärmung auf die Schneesicherheit der alpinen Skigebiete. In der Schweiz würde beispielsweise ein Temperaturanstieg von 2 °C den Anteil der „schneesicheren Skigebiete" von 85 % auf 63 % zur Folge haben. (Vetters Prettenthaler S. 11)

Die Vulnerabilität eines Tourismusgebietes hängt neben komplexen klimatischen Zusammenhängen auch von sozioökonomischen Faktoren und der Abhängigkeit der Branchen ab.

Die steigenden Kosten zusätzlicher Beschneiung zur Kompensation der sinkenden Schneesicherheit stellen einen wichtigen ökonomischen Faktor dar. Während höher gelegene und finanziell besser abgesicherte Gebiete sich an die ändernden Bedingungen anpassen können, würden nieder gelegene und verschuldete Skigebiete an den Rand des wirtschaftlich rentablen Wintersporttourismus gedrängt. (Vetters & Prettenthaler 2011 S. 12)

Die Vulnerabilität von Winter- und Gletscherskigebiete unterliegen prinzipiell völlig unterschiedlichen Kriterien. Während für Winterskigebiete klimatische Bedingungen zum Aufbau einer geschlossenen Schneedecke relevant sind, ist es für Gletscherskigebiete das Weiterbestehen des Gletschers, auf dem sich das Skigebiet befindet.

2.2 Meteorologische Situation und Veränderung in Tirol

Für den Aufbau einer geschlossenen Schneedecke ist vor allem im Frühwinter die Schneefallgrenze von Bedeutung. Die hierfür relevanten Faktoren sind der Temperatur- und Niederschlagsverlauf im Winter und die Temperatur während eines Niederschlagsereignisses, welche von den Eigenschaften der feuchten Luftmassen beeinflusst wird. Nach Prettenthaler et al. können ostalpine Gebiete in Bereiche mit atlantischem, mediterran und kontinentalem Einfluss eingeteilt werden. Für Tirol bedeutet dies, dass Nordtirol die Niederschläge fast ausschließlich aus dem Atlantik und Ost- und Südtirol aus dem Mittelmeer bezieht (siehe Abbildung 7). (Prettenthaler et al. 2011, S. 80 ff)

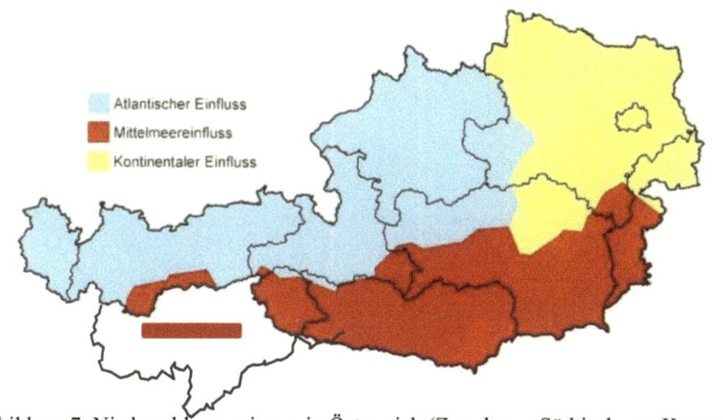

Abbildung 7: Niederschlagsregionen in Österreich (Zuordnung Südtirols aus Kontext)
(Formayer et al. 2011 S. 82 nach Max-Planck-Institut Hamburg, Umweltbundesamt)

Südlich des Alpenhauptkammes liegt die Schneefallgrenze daher vor allem im Frühwinter merklich höher als nördlich davon. So gibt es beispielsweise im Frühwinter (November - Weihnachten) sichere Bedingungen für einen Schneedeckenaufbau und die Beschneiung in Nordtirol ab ca. 1450 m. Vergleichbare Bedingungen werden südlich des Alpenhauptkammes erst ab ca. 1600 - 1700 m erreicht (siehe Abbildung 8). (Prettenthaler et al. 2011 S. 86)

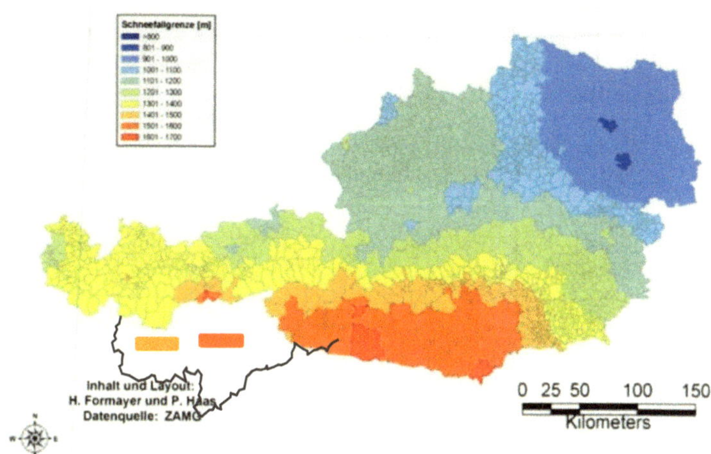

Abbildung 8: Schneefallgrenze im Frühwinter (Nov, Dez.), bei der 90 % des Niederschlages als Schnee fallen (Zuordnung Südtirols aus Kontext) (Prettenthaler et al. 2011, S. 87)

Im Diskurs des globalen Klimawandels steht wird oftmals die Jahresmitteltemperatur als zentrale Größe herangezogen. Im Fokus des Wintertourismus allerdings steht der Aufbau einer geschlossenen Schneedecke, die von der Kombination aus Temperatur und Niederschlag abhängt. Derartige zukünftige Klimadaten werden beispielsweise vom Deutschen Umweltbundesamt mit dem Klimamodell REMO generiert und weiterverarbeitet. Dabei wird in vielen Studien das Szenario A1B (Global und Ökonomisch, ausgewogene Mischung von fossilen und nicht-fossilen Energieträgern) weiterverfolgt. Für das Jahr 2025 ist hierfür in die Änderung der durchschnittlichen Jahrestemperatur und in die Veränderung des Jahresniederschlages ersichtlich. Die Temperaturerhöhung ist recht homogen verteilt und liegt bei 1-1,5 °C und einigen Bereichen Südtirols bei 1,5-2 °C. (Haas et al. 2011, S. 36 f)

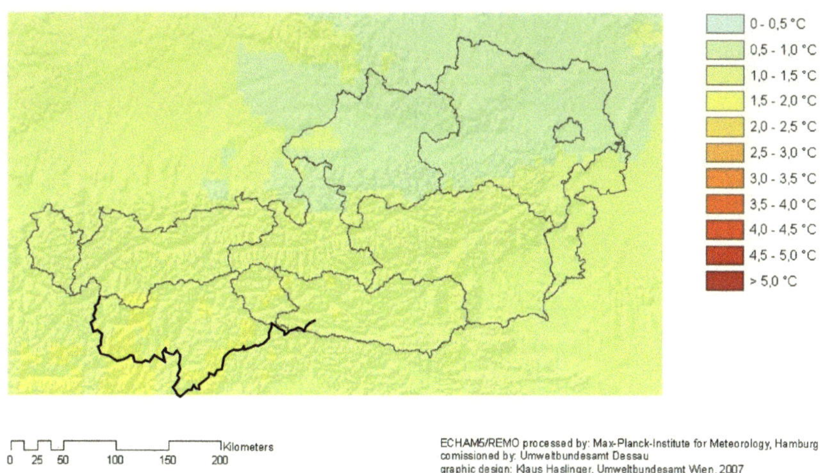

Abbildung 9: Für 2035 prognostizierte Temperaturänderung
(Haas et al. 2011, S. 36 nach Max-Planck-Institut Hamburg, Umweltbundesamt)

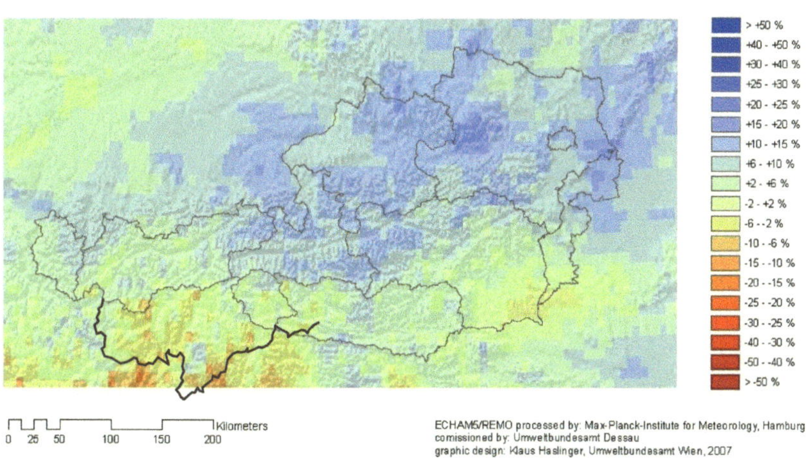

Abbildung 10: Für 2035 prognostizierte Niederschlagsänderung
(Haas et al. 2011 S. 37 nach Max-Planck-Institut Hamburg, Umweltbundesamt)

Das Modell zeigt geringe Niederschlagserhöhungen in Nordtirol und Verringerungen in Südtirol.

Die Kenngrößen Temperatur und Niederschlag wurden in einer Studie der BOKU Wien zur
Modellierung der Schneedecke herangezogen. Im ersten Schritt wurden zukünftige Wetterdaten für verschiedene Jahreszeiten, Regionen und Höhenstufen vom Wettergenerator LARS-

WG generiert. Im nächsten Schritt wird das Modell „Modular Modeling System" (University of Colorado) verwendet, um das Zusammenspiel von Temperatur und Niederschlag in einer bestimmten Periode zu erfassen und die Schneedeckenentwicklung im Laufe des Winters zu modellieren. Dabei wurde auch die Möglichkeit der künstlichen Beschneiung in Betracht gezogen. (Formayer et al. 2011)

2.2.1 Veränderung der Schneelage in Nordtirol am Beispiel St. Anton

St. Anton liegt im Bundesland Tirol an der Grenze zu Vorarlberg auf einer Höhe von 1300 m. Der Tourismus stellt die Haupterwerbsquelle dar. Für die Gemeinde ist dabei mit knapp einer Million Nächtigungen im Winterhalbjahr vor allem der Wintertourismus von Bedeutung. Andere Branchen wie Verkehr und Handel sind indirekt auch vom Wintertourismus abhängig. Die Gemeinde eine regionale Bedeutung in ihrem Umland. (Prettenthaler & Habsburg-Lothringen et al. 2011, S. 91-100)

Das Arlberggebiet liegt im atlantisch geprägten Niederschlagsbereich und gehört zu den Niederschlagsreichsten und Schneesichersten Gebieten Österreichs und Tirols. Im Hochwinter fallen ab ca. 1350 m 90 % der Niederschläge als Schnee. Vor allem bei Touren- und Variantenfahren wird das Gebiet aufgrund der Naturschneebedingungen geschätzt. Aufgrund des hohen Temperaturniveaus bei Niederschlag hat sich die bisherige Erwärmung allerdings schon merklich auf die Schneelage ausgewirkt. (Formayer et al. 2011, S. 152)

In einer Studie von Formayer et al. (BOKU Wien) wird Schneelage im Hinblick auf den Skibetrieb aufgrund der prognostizierten Wetterdaten untersucht. Dabei werden die Höhenstufen Talboden (1300 m), Mittelstation (1850 m) und Bergstation (2330 m) in Betracht gezogen. Trotz einer prognostizierten geringfügigen Niederschlagszunahme werden die Niederschläge in Form von Schnee abnehmen. In Abbildung 11 a sind die ausfallenden Skitage zufolge Schneemangels dargestellt. Während 1985 kaum Skitage ausgefallen sind, muss man 2025 vor allem an Tal- und Mittelstation mit erheblichen Ausfällen rechen. 2050 wird bereits jedes 5. Jahr die halbe Saison bei derzeitiger Beschneiungstechnologie ausfallen. Ein Skibetrieb ist dann ohne den forcierten Einsatz von künstlicher Beschneiung nur noch oberhalb der Bergstation denkbar. (Formayer et al. 2011, S. 154 f)

Für das Fahren abseits der Pisten sowie die Langlaufloipen aber auch das Erscheinungsbild der winterlichen Landschaft ist entscheidend, ob die Hänge abseits der Piste aper sind. Hier zeigt sich bereits für 2025 eine drastische Verschlechterung im Tal- und Mittelstationsbereich (siehe Abbildung 11 b). Im Jahr 2050 wird der Talbereich die halbe Wintersaison aper sein. (Formayer et al. 2011, S. 155)

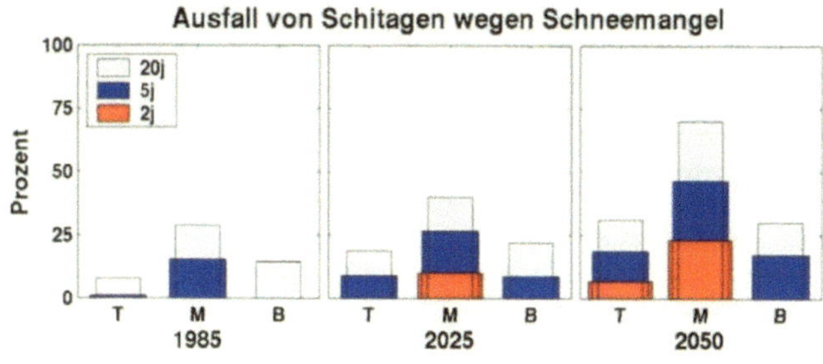

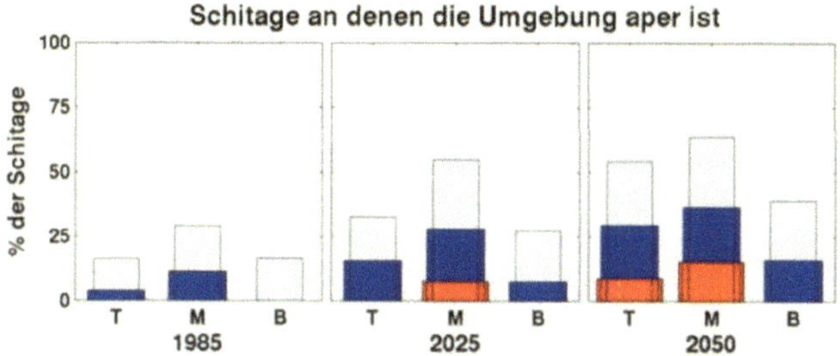

Abbildung 11: Auswirkungen auf die Schneelage in St. Anton an Tal-, Mittel-, und Bergstation (T,M,B) für die Jahre um 1985, 2025 und 2050 (2-, 5- und 20-jährige Eintrittswahrscheinlichkeit) (Formayer et al. 2011, S. 127, BOKU – Institut für Meteorologie)

2.2.2 Veränderung der Schneelage in Südtirol

Die wichtigsten Tourismusgemeinden in Südtirol sind Corvara und Wolkenstein (Dolomiti Superski). Die Dörfer liegen auf ca. 1600 m. Die wichtigen Skigebiete Sulden und Kurzras liegen auf ca. 2000 m.

Das Klima südlich des Alpenhauptkamms ist vom Mittelmeer geprägt. Daher kann in Südtirol vor allem im Osten von einer ähnlichen Entwicklung wie im Skiort Hermagor ausgegangen werden, welcher in der Studie von Formayer et al. behandelt wird. Die Niederschläge erreichen hier im Winterhalbjahr ein Maximum im November. Daher ist der Schneefall im Frühwinter für den Schneedeckenaufbau des gesamten Winters entscheidend. Vor allem in dieser Zeit liegt die Schneefallgrenze aufgrund des höheren Temperaturniveaus recht hoch. Erst ab 1750 m fallen 90 % der Niederschläge als Schnee (Vergleichswerte Hermagor). Die bisherige Erwärmung hat sich auf die Schneelage stärker ausgewirkt als in Nordtirol (Steiger, S. 3). Die prognostizierte Niederschlagsänderung fällt hier sehr gering aus. (Formayer et al. 2011, S. 167 - 171) Die Entwicklung der Schneesicherheit für Skigebiete südlich des Alpenhauptkammes ist für das vergleichbare Gebiet Hermagor in Abbildung 12 dargestellt. Hier sei al-

lerdings jedoch, dass das Skigebiet Hermagor im Höhenbereich von 610 bis ca. 2000 m deutlich tiefer liegt als die Skigebiete in Südtirol. Allerdings zeigt sich auch für den Mittelstationsbereich eine deutliche Verschlechterung der Schneesicherheit: Bereits 2025 werden hier jedes 5. Jahr mehr als 25 % der Skitage ausfallen; 2050 bereits mehr als die Hälfte.

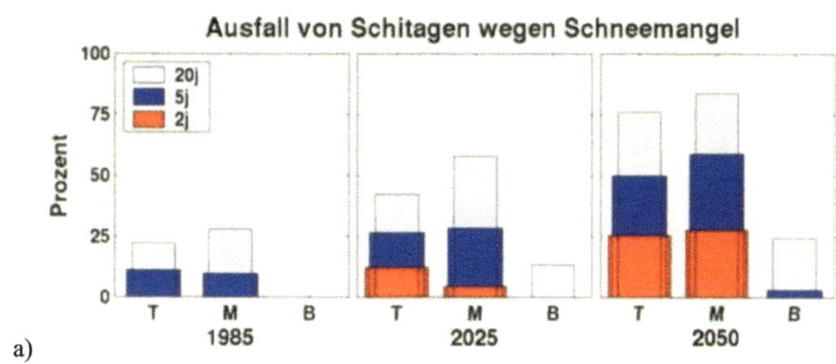

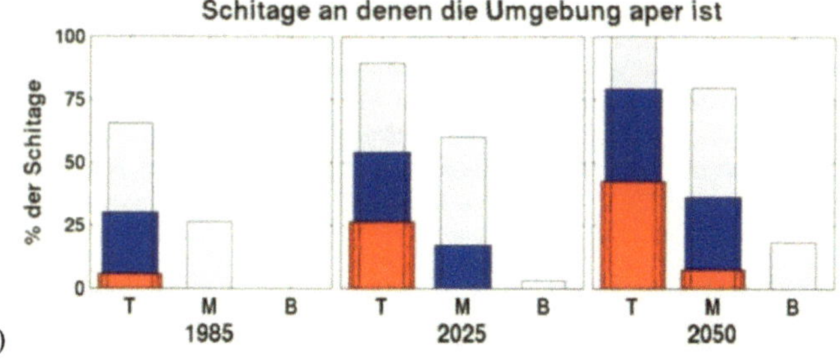

Abbildung 12: Auswirkungen auf die Schneelage in St. Anton an Tal-, Mittel-, und Bergstation (T,M,B) für die Jahre um 1985, 2025 und 2050 (2-, 5- und 20-jährige Eintrittswahrscheinlichkeit) (Formayer et al. 2011, S. 127, BOKU – Institut für Meteorologie)

2.3 Gletscherskigebiete Tirols

Durch die Popularität des Skisportes kam in den 1960er Jahren zunehmend der Sommerskilauf in Mode, in dem in Tirol ein großes tourismuswirtschaftliches Potenzial gesehen wurde. 1960er Jahren begann die Erschließung des Gletschers am Stilfser Joch mit Liftanlagen, 1968 jene des Hintertuxer Gletscher. Die Erschließung des Stubaier Gletschers (1973), Sölden im Ötztal (1975) sowie der Schnalstaler Gletschers (1955) fallen in die große Welle der Gletschererschließungen im Alpenraum. Die Erschließung des Gletschers im Kauntertal (1980) und des Pitztales (1983) erfolgten erst, als der Sommerskilauf bereits stark im Abflauen und zudem stark in den Konflikt von Umweltdiskursen geraten war. (Obermayr 2011, Hasenjäger)

Die Skigebiete Hintertuxer Gletscher, Schnalstal und Stilfser Joch waren für den Sommerskibetrieb konzipiert. Da am Schnalstaler Gletscher 2013 aufgrund des dramatischen Gletscherrückzuges der Sommerskibetrieb aufgegeben wird, verbleiben für den Sommerskilauf in Tirol lediglich noch der Hintertuxer Gletscher und das Stilfser Joch.

2.3.1 Der Wandel der Gletscherskigebiete am Beispiel Stilfser Joch

Das Gletscherskigebiet Stilfser Joch ist das einzige ausgesprochene Sommerskigebiet Tirols. Während der Wintermonate ist die Passstraße aufgrund der Schneemassen und der Lawinengefahr geschlossen. Das Skigebiet liegt zwischen 2760 m (Passhöhe) und 3450 m Seehöhe auf dem Ebenferner. Das Betriebssaison geht von Pfingsten bis November. (Hasenjäger)

Die Erschließung des Gletschers als Skigebiet begann bereits in den 1930er Jahren, als die ersten Hütten auf einer aus dem Gletscher ragenden Felsrippe Trincerone (3028 m) errichtet wurden. In den 1950er Jahren wurden die Gäste mit Kettenfahrzeugen bergwärts befördert, bevor Anfang der 1960er Jahre der Gletscher mit den ersten einfachen Liften erschlossen wurde. Von verschiedenen, sich konkurrierenden Unternehmen wurden am Trincerone sowie auf der noch höher gelegenen Felskuppe Livrio (3175) große Hotelanlagen direkt an den Rand des Gletschers gebaut. Jedes Hotelunternehmen besaß eine eigene Skischule und eigene Liftanlagen, die wildwüchsig über das weite Areal des Ebenferners gespannt wurden. Einige kleinere Lifte wurden auch unterhalb des Trincerone auf kleineren Gletscherflächen aufgestellt. Material und anreisende Gäste wurden mit Raupenfahrzeugen über den Gletscher transportiert. In den 1960er Jahren kam ein gewaltige Boom des Sommerskilaufs auf. Die Hotelanlagen am Trincerone sowie am Livrio wurden durch Seilbahnen erschlossen und leistungsfähigere Liftanlagen gebaut. Der Rückzug des Gletschers war ab den 1970er Jahren deutlich zu erkennen. Zunächst begann sich die mächtige Eisdecke des Ebenferners erst nur abzusenken, während sie weiterhin bis zum Trincerone reichte. Die Anlagen unterhalb des Trincerone

mussten nun aufgelassen und Liftrassen am Hauptgletscher immer wieder versetzt werden (Stecher 2013). Der Boom erreichte in den 1980er Jahren den Höhepunkt und begann dann stetig abzuflauen. Durch den immer stärker abschmelzenden Gletscher gab es in den 1990er Jahren vermehrt Probleme mit den Liftanlagen. Der Gletscher bildete am Trincerone massig Spalten aus und gab haushohe Felsblöcke frei. Zudem kam der Sommerskilauf aus der Mode und der Boom zum Erliegen, was einige Firmen in den Konkurs zwang. Nach 2000 mussten am Trincerone-Komplex ein Lift nach dem anderen aufgegeben werden. So konnte auch der Naglerlift mit der steilsten und attraktivsten Abfahrt ab dem Hitzesommer 2003 nicht mehr betrieben werden (siehe Abbildung 14). Der Gletscherschwund war nun auch am ca. 300 m höher gelegenen Livrio-Komplex deutlich bemerkbar. Hier reichte der Gletscher in den 1970er Jahren bis an die Grundmauern der Gebäude während heute die Felskuppe ca. 30 m aus dem Eis ragt (siehe Abbildung 17). Heute sind am Stilfser Joch nur noch die Bereiche oberhalb vom Livrio befahrbar. Das Skigebiet strahlt mit seinen heruntergekommenen riesigen Hotelanlagen, umgestürzten Liftanlagen und dem abschmelzenden Gletscher eine morbide Atmosphäre aus. Während im Frühsimmer und im Herbst am Gletscher noch sehr gute Skibedingungen zu erwarten sind, wird das Skigebiet im Hochsommer hauptsächlich nur noch von Trainingsgruppen genutzt. (Hasenjäger)

In Abbildung 13 sind die Gletschergrenzen am Skigebiet Stilfser Joch um 1961 sowie um 2010 in einer topographischen Karte dargestellt. Die Lifttrassen entsprechen der Situation in den 1990er Jahren.

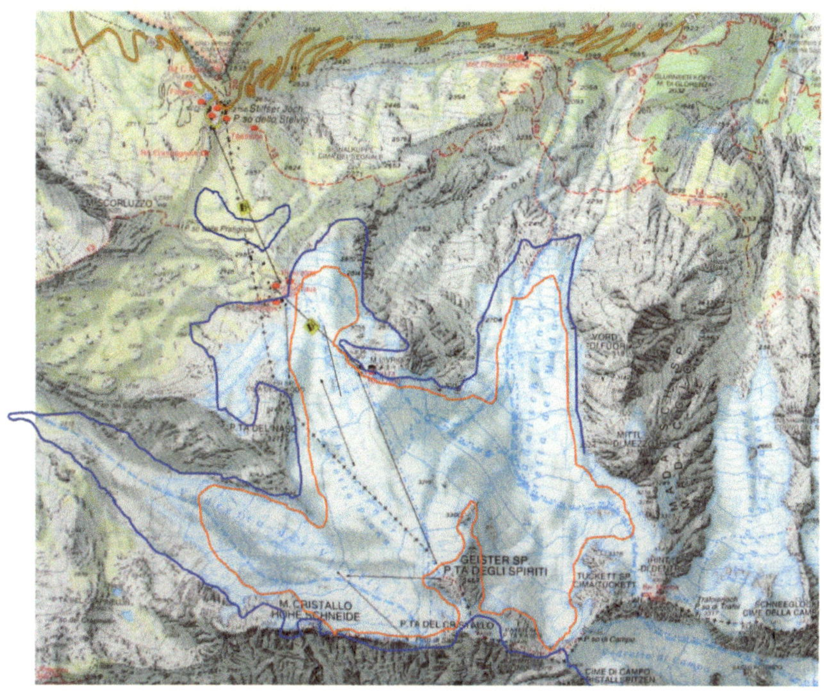

Abbildung 13: Topographische Karte des Skigebietes Stilfser Joch mit den Gletschergrenzen um 1961 (blau) und ca. 2010 (orange)
(Karte: Hasenjäger, Gletschergrenze 1961: Desio 1967, Anhang, Gletschergrenze 2010: Stecher 2012)

In Abbildung 14 bis Abbildung 17 sind Aufnahmen vom Skigebiet aus den 1970er Jahren im Vergleich mit solche aus den 2000er und 2010er Jahren dargestellt. Am Trincerone und insbesondere am Skilift Nagler ist das Ausmaß des Gletscherrückzugs deutlich zu erkennen.

Abbildung 14: Skilifte Nagler 1 und 2 am Trincerone im Sommer Anfang der 1970er Jahre (a)
und im Juli 2007 (b) (Hasenjäger)

Abbildung 15: Trincerone und Naglerlifte im Sommer Anfang der 1970er Jahre (a)
und im August 2001 (b) (Hasenjäger)

Abbildung 16: Skilift Geister vom Livrio aus gesehen
im Sommer Anfang der 1970er Jahre (a) und im August 2011 (b) (Hasenjäger)

Abbildung 17: Livrio und Geisterlift im Sommer Anfang der 1970er Jahre (a) und im August 2003 (b) (Hasenjäger)

3 Perspektiven und Zukunftsstrategien im Tourismus

3.1 Attraktivität der Destination Tirol

Tirol ist eine optimale Destination für Aktiv- und Sporturlaub. Die hauptsächlichen Aktivitäten der Gäste im Winter ist der Wintersport, vor allem Skifahren, das Nachtleben (z.B. Aprés Ski). Im Sommer dagegen suchen junge Gäste die Vielfältigkeit des Sportangebotes. Viele der Sportarten (z.B. Rafting) werden nur einmal ausprobiert. Während das Wandern die populärste Sommeraktivität darstellt, bietet Tirol gute Bedingungen für Mountainbike, Klettern und Abenteuersportarten. Ältere Gäste schätzen die Erholung in der Bergwelt und die tiroler Kultur. (Rauch 2012)

Die Gründe, mit denen Tirol bei den Gästen punktet sind die Berglandschaft, das attraktive Sportangebot, die Ruhe und die Natur, die Kulinarik (regionale Speisen) und nicht zuletzt die Gastfreundschaft der Bevölkerung. Auch die gute Erreichbarkeit (Fernpass, Brenner) sind positive Faktoren. (Rauch 2012)

Da bereits viele Tourismusgebiete in den Alpen vom Massentourismus und übermäßiger Infrastruktur eingenommen wurden rücken seit der 1980er Jahre ein nachhaltiger Tourismus und der Erhalt der Natürlichkeit verstärkt in den Vordergrund. (Loderer 2013)

3.2 Anpassungen

Unter dem Aspekt des Klimawandels entstand ein Diskurs, wie sich Wintersportorte prinzipiell an die sich ändernden Bedingungen anpassen können. Die Annahme, der Klimawandel bedeute das Aus für den Skitourismus ist nicht zutreffend. Die geeigneten Anpassungsmöglichkeiten hängen stark von der Höhenlage der Skigebiete ab:

Höher gelegene Skigebiete werden ihre Saison verkürzen müssen, aber im Hochwinter weiterhin schneesicher sein. Für derartige Bergbahngesellschaften würden sich ein Mehraufwand bei der künstlichen Beschneiung und Modernisierung oder gar Erweiterung der Anlagen rechen. Dabei könnte der Ausfall von Konkurrenten sogar als wirtschaftlicher Vorteil gesehen werden (Steiger, S. 5).

Skigebiete im mittleren Höhenlagenbereich sollten versuchen durch die Erweiterung des Angebotes im Winter etwas unabhängiger von der Schneelage zu werden. Auch ein attraktives Angebot im Ganzjahrestourismus könnte hier dazu beitragen, die geringere Rentabilität im Winter zu kompensieren. Wintersportorte mit Aufstiegsanlagen könnten diese für die Betrei-

bung von Bikeparks genützt werden, wobei einzelne unrentable Anlagen abgebaut werden sollten. Südtirol stellt hier für Nordtirol bereits ein Vorbild dar, da hier die wichtigsten Wintersportgemeinden bereits jetzt einen lebhaften Sommertourismus aufweisen (vgl. Abbildung 6). (Fessl 2011, S. 78-81)

Abbildung 18: Biken mit Aufstiegsanlagen: Ein Konzept für den Ganzjahrestourismus

Tiefer gelegene Skigebiete sollten sich am frühesten mit dem Klimawandel auseinandersetzen. Hier könnte der vollständige Rückbau der Anlagen sich am wirtschaftlichsten erweisen. Dadurch gewinnt die Berglandschaft an Attraktivität für Wanderer, Mountainbiker aber auch Skitourengeher. Diese Gebiete würden weiterhin im Hochwinter schneebedeckt sein und können so für den sanften Wintertourismus genutzt werden, ohne den wirtschaftlichen Druck standhalten zu müssen. (Fessl 2011, S. 81-86)

Als Vergleich seien hier die relativ nieder gelegenen Ammergauer Alpen in genannt: Obwohl hier Skigebiete bereits jetzt nicht konkurrenzfähig wären, bieten sie gute Bedingungen zum Skitourengehen, Rodeln und Winterwandern.

4 Zusammenfassung und Fazit

In der Analyse der touristischen Kennzahlen des Bundeslandes Tirol sowie der Provinz Bozen-Südtirol wird deutlich, dass in diesen Regionen der Tourismus von entscheidender wirtschaftlicher Bedeutung ist und der Klimawandel einen entscheidenden Einfluss auf den Wintertourismus bringen wird. Das Bundesland Tirol ist stärker auf den Wintertourismus fokussiert als Südtirol. Bei der Untersuchung der Meteorologischen Situation wird deutlich, dass Nordtirol im atlantischen und Ost- und Südtirol im mediterranen Niederschlagsgebiet liegen. Aufgrund der meteorologischen Differenzen ist damit zu rechnen, dass sich der Klimawandel südlich der Alpen stärker auf die Schneelage auswirken wird. In Tirol wird sich die Schneesicherheit in Gebieten unter 2000 m bereits in den nächsten Jahrzehnten deutlich verschlechtern. Daher sollten diese Gebiete als erste den reinen Wintertourismus in Frage stellen und nach Alternativen suchen. Für niederer gelegene Gebiete kann auch der vollständige Rückbau und der Aufbau eines natürlichen Tourismus eine Lösung sein. Der Weg des Massentourismus und übermäßigen Kommerzes sollte im Kontext des Klimawandels umso stärker in Frage gestellt werden. Prinzipiell wäre das Konzept eines ausgeglichenen, „sanften" Ganzjahrestourismus anzustreben bei dem die Erfahrung in der Bergwelt und nicht Action und Erlebnis im Vordergrund stehen. Der Tourismus in Südtirol mit seinem Schwerpunkt in der Sommersaison (Sommerfrische) kann diesbezüglich für das Bundesland Tirol richtungsweisend sein. Der dramatische Wandel des Gletscherskigebietes Stilfser Joch verdeutlicht, dass weder Mode und Boom seitens wirtschaftlicher Aspekte, noch physiogeographische Randbedingungen wie der Zustand eines Gletschers konstant bleiben und zudem kaum beeinflusst werden können. Weitere, noch höher gelegene Erschließungen von Gletschern kann höchstens zum Profit von einigen Akteuren, aber nicht zu einer nachhaltigen Entwicklung der Region führen.

5 Quellenverzeichnis

Desio A. (1967): I ghiacciai del Gruppo Ortles – Cevedale (alpi centrali). Tavole. Karte im Anhang: Posizione delle fronit dei ghiacciai dal 1865 al 1961 e distruibuzione dei cordoni morenici. Comitato Glaciologico Italiano. Torino.

EUROSTAT (2010): Eurostat Jahrbuch 2010; Kapitel 11 – Tourismus. Eurostat.

Fessl E. (2011): Klimadiskussion im Tourismus – Potentielle Konsequenzen für den Wintertourismus. Diplomarbeit. Institut für Wirtschaftstheorie, -politik und -geschichte. Universität Innsbruck. Innsbruck.

Formayer H. (2011): Einfluss des Globalen Wandels auf den Tourismus: Motivation und Literaturüberblick. In: Prettenthaler F, Formayer H. (Hrsg.): Tourismus im Klimawandel. Zur regionalwirtschaftlichen Bedeutung des Klimawandels für die österreichischen Tourismusgemeinden. (= Studien zum Klimawandel, Band 6), Wien. S. 11-13

Formayer H, Haas P, Hofstätter M. (2011): Vorschlag einer Methode zur Bestimmung klimatologischer Kenngrößen für den Wintertourismus. In: Prettenthaler F, Formayer H. (Hrsg.): Tourismus im Klimawandel. Zur regionalwirtschaftlichen Bedeutung des Klimawandels für die österreichischen Tourismusgemeinden. (= Studien zum Klimawandel, Band 6), Wien. S. 33-50

Formayer H, Hofstätter M, Haas P. (2011): Klimatische Situation und lokale Klimaszenarien für die Wintersaison. In: Prettenthaler F, Formayer H. (Hrsg.): Tourismus im Klimawandel. Zur regionalwirtschaftlichen Bedeutung des Klimawandels für die österreichischen Tourismusgemeinden. (= Studien zum Klimawandel, Band 6), Wien. S. 152-179

Grander P. (2010): Nachhaltige Tourismusentwicklung in Tirol im Hinblick auf kulturelle Identität und Gastfreundschaft. Management Center Innsbruck.

Haas P, Hofstätter M, Formayer H (2011): Erstellung und Analyse von regionalen Klimaänderungsszenarien für Österreich. In: Prettenthaler F, Formayer H. (Hrsg.): Tourismus im Klimawandel. Zur regionalwirtschaftlichen Bedeutung des Klimawandels für die österreichischen Tourismusgemeinden. (= Studien zum Klimawandel, Band 6), Wien. S. 34-40

Hasenjäger K. (Betreiber): Stilfserjoch - Passo Stelvio. Mythos im Überlebenskampf - Eine historischer Dokumentation über das Sommerskigebiet am Stilfserjoch. Retrofutur. Innsbruck. [online] Abruf 17.05.13
http://www.retrofutur.org/retrofutur/app/main?DOCID=100002620&albumMode=100002620

Kaiser E. (2010): Vom Welttourismus zum Tiroler Tourismus. Tiro l Werbung. Innsbruck. [online] Abruf 13.05.13 http://www.tirolwerbung.at/xxl/de/keyfacts/index.html

Loderer B. (2013): Die Tourismusmaschine. Tages-Anzeiger Online / Newsnet vom 18.05.2013. [online] Abruf 21.05.13 http://www.tagesanzeiger.ch/leben/reisen/Die-Tourismusmaschine/story/15083513

Obermayr C. (2011): Gletscherskigbiete im öffentlichen Diskurs. In: Tourismus und Gletscherschigebiete in Tirol. Institut für Geographie, Universität Innsbruck. Innsbruck. S. 15-21

Parschalk D. (2012): Tourismus in Südtirol – Tourismusjahr 2010/11. Autonome Provinz Bozen-Südtirol. Landesinstitut für Statistik – ASTAT. Bozen.

PrettenthalerF, Formayer H, Vetters N. (2011): Tourismusspezifische Gemeindecluster in Österreich. In: Prettenthaler F, Formayer H. (Hrsg.): Tourismus im Klimawandel. Zur regionalwirtschaftlichen Bedeutung des Klimawandels für die österreichischen Tourismusgemeinden. (= Studien zum Klimawandel, Band 6), Wien. S. 11-13

Bozen-Südtirol. Landesinstitut für Statistik – ASTAT. Bozen.

Prettenthaler F, Habsburg-Lothringen C, Vetters N. (2011): Sozioökonomische Ausganssituation ausgewählter Wintersportgemeinden. In: Prettenthaler F, Formayer H. (Hrsg.): Tourismus im Klimawandel. Zur regionalwirtschaftlichen Bedeutung des Klimawandels für die österreichischen Tourismusgemeinden. (= Studien zum Klimawandel, Band 6), Wien. S. 91 -152

Prock A. (2009): Die Entwicklung des Tourismus im 19. Jahrhundert. Geschichte Tirols im Überblick. [online] Abruf 13.05.13 http://tirol-geschichte.tsn.at/website/geschichte/tirol%20im%2019.%20jh/tourismus-entwicklung.html

Rauch K. (2012): Der Tiroler Tourismus – Zahlen, Daten und Fakten. Tirol Werbung. Innsbruck. [online] Abruf 13.05.13 http://www.tirolwerbung.at/xxl/de/keyfacts/index.html

Scharr K, Steinicke E. 2011 (Hrsg.): Tourismus und Gletscherschigebiete in Tirol. Institut für Geographie, Universität Innsbruck. Innsbruck.

Schröder V. (2011): Die Entwicklung des alpinen Skitourismus in Europa. In: Tourismus und Gletscherschigebiete in Tirol. Institut für Geographie, Universität Innsbruck. Innsbruck. S. 27-33

Stecher Adolf [Interview]: Erfahrungen als Skilehrer bei Pirovano am Skigebiet Stilfser Joch in den 60er und 70er Jahren. Skizzen und Kartenarbeit. St. Valentin auf der Haide : 20. Mai 2013.

Steiger R.: Klimawandelfolgen für den Skitourismus in Tirol. Institut für Geographie, Universität Innsbruck. Innsbruck.
http://www.uibk.ac.at/geographie/personal/steiger/steiger_zusammenfassung_deutsch.pdf

Tirol Atlas. Geographie Innsbruck.
[online] Abruf 15.05.13 http://tirolatlas.uibk.ac.at/maps/interface/thema.py/index?lang=de

Vetters N, Prettenthaler F. (2011): Enfluss des Globalen Wandels auf den Tourismus: Motivation und Literaturüberblick. In: Prettenthaler F, Formayer H. (Hrsg.): Tourismus im Klimawandel. Zur regionalwirtschaftlichen Bedeutung des Klimawandels für die österreichischen Tourismusgemeinden. (= Studien zum Klimawandel, Band 6), Wien. S. 11-13